T0209592

essentials

essentials liefern aktuelles Wissen in konzentrierter Form. Die Essenz dessen, worauf es als „State-of-the-Art" in der gegenwärtigen Fachdiskussion oder in der Praxis ankommt. *essentials* informieren schnell, unkompliziert und verständlich

- als Einführung in ein aktuelles Thema aus Ihrem Fachgebiet
- als Einstieg in ein für Sie noch unbekanntes Themenfeld
- als Einblick, um zum Thema mitreden zu können

Die Bücher in elektronischer und gedruckter Form bringen das Fachwissen von Springerautor*innen kompakt zur Darstellung. Sie sind besonders für die Nutzung als eBook auf Tablet-PCs, eBook-Readern und Smartphones geeignet. *essentials* sind Wissensbausteine aus den Wirtschafts-, Sozial- und Geisteswissenschaften, aus Technik und Naturwissenschaften sowie aus Medizin, Psychologie und Gesundheitsberufen. Von renommierten Autor*innen aller Springer-Verlagsmarken.

Weitere Bände in der Reihe http://www.springer.com/series/13088

Hannes Bäuerle · Marie-Theres Lohmann

Ökologische Materialien in der Baubranche

Eine Übersicht der Möglichkeiten und Innovationen

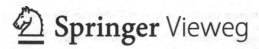 Springer Vieweg

Hannes Bäuerle
Stuttgart, Deutschland

Marie-Theres Lohmann
Stuttgart, Deutschland

ISSN 2197-6708   ISSN 2197-6716 (electronic)
essentials
ISBN 978-3-658-34196-1   ISBN 978-3-658-34197-8 (eBook)
https://doi.org/10.1007/978-3-658-34197-8

Die Deutsche Nationalbibliothek verzeichnet diese Publikation in der Deutschen Nationalbibliografie; detaillierte bibliografische Daten sind im Internet über http://dnb.d-nb.de abrufbar.

Planung/Lektorat: Frieder Kumm
Springer Vieweg ist ein Imprint der eingetragenen Gesellschaft Springer Fachmedien Wiesbaden GmbH und ist ein Teil von Springer Nature.
Die Anschrift der Gesellschaft ist: Abraham-Lincoln-Str. 46, 65189 Wiesbaden, Germany

Was Sie in diesem *Essential* finden können

- Inspiration, Wissen und Empfehlungen zu ökologischen Materialien in der Baubranche
- Ökologische Projekte aus der Baubranche
- Einen Einblick in die unterschiedlichen Entsorgungsmöglichkeiten und (Material-)Kreisläufe
- Bewertungskriterien für eine nachhaltige Bauweise
- Neue Wege und Zukunftschancen für die Baubranche

Vorwort

Tagtäglich erleben wir bei raumprobe, seit 2005 führende Online-Materialdatenbank und physische Materialausstellung in Stuttgart, dass ökologische Materialien bei den Planenden eine immer wichtiger werdende Rolle in der Gestaltung spielen. Das merken wir unter anderem daran, dass inzwischen bei jedem Beratungsgespräch das Wort Nachhaltigkeit deutlich herausgestellt wird.

Allerdings herrscht noch eine gewisse Unsicherheit darüber, welche Aspekte bei der Planung mit einbezogen werden sollen, für welche Herausforderungen Lösungen gefunden werden müssen, welche ökologische Materialvielfalt auf dem Markt zu finden ist, welche Bewertungssysteme es gibt und wie man ökologische Materialien einsetzen kann. Ganz besonders die Frage, was ein ökologisches Material zu einem ökologischen Baustoff macht, bleibt noch allzu oft unbeantwortet.

Zwar gibt es diese Unsicherheiten, aber das Bewusstsein um die Notwendigkeit bei den (vor allen jungen) Gestaltenden ist stark gewachsen.

Wir richten uns mit diesem Werk an alle, die Interesse und Informationsbedarf an ökologischen Materialien haben und an Planende, Architekturschaffende und Kreative, die sich Inspiration und Hintergrundwissen aneignen wollen, um dieses in ihren Projekten anwenden zu können.

Nachhaltigkeit in der Baubranche muss nicht kompliziert sein und auch nicht perfekt. Jeder noch so kleine Beitrag ist wichtig. Sie bietet sehr vielfältige Gestaltungsmöglichkeiten und steht keinesfalls im Widerspruch zu modernem Bauen – das wollen wir mit diesem Buch vermitteln.

Stuttgart

Hannes Bäuerle
Marie-Theres Lohmann

Inhaltsverzeichnis

Einleitung

Der Begriff Nachhaltigkeit ist inzwischen in den meisten Lebensbereichen ange-kommen – auch in der Baubranche. Das ist dringend notwendig, denn der Sektor des Bauens trägt zu einem Großteil des globalen CO_2-Ausstoßes bei. Das liegt an dem Einsatz fossiler Rohstoffe, an langen Lieferwegen, einer veralteten Bauweise und einem Abfallsystem, dessen letzter Halt die Mülldeponie ist.

Die Anforderungen an ein Gebäude haben sich aber in den letzten Jahren sehr verändert. Man identifiziert sich mehr mit dem eigenen Heim, wohnt nicht mehr nur dort, sondern spiegelt auch sein Inneres wider. Clevere Lösungen bieten auch in kleinen Wohnungen mehr Komfort und durch den technischen Fortschritt wird jede Etage des Hauses miteinander vernetzt. Des Weiteren muss bedacht wer-den, dass ein Mensch den Großteil seines Lebens im Inneren verbringt und viele Baustoffe aus den vergangenen Jahrzehnten teilweise gefährliche Inhaltsstoffe enthalten, die auf Dauer krank machen. Hier müssen neue Optionen geschaffen werden, um einen Austausch dieser Materialien zu ermöglichen.

Modernes Bauen bedeutet, dass sich die Planenden mehr an den Nutzenden und der Umwelt orientieren, auf neue Bedürfnisse eingehen und dementsprechend zukunftsorientiert bauen. Zusätzlich muss es in der Baubranche neue Ziele geben. Diese werden im Laufe des Buches aufgeführt.

Dieses Werk gibt einen Überblick darüber, auf welchen Maßnahmen man auf-bauen kann, welche Bereiche ökologische Materialien bereits abdecken, wie mehr Nachhaltigkeit in die Baubranche integriert werden kann und wo es derzeit noch Defizite gibt.

H. Bäuerle und M. Lohmann, *Ökologische Materialien in der Baubranche*, essentials, https://doi.org/10.1007/978-3-658-34197-8_1

Ökologie und Nachhaltigkeit

Ein Einblick

Das Prinzip der Nachhaltigkeit kommt aus der Forstwirtschaft und besagt ursprünglich, dass nicht mehr Bäume gefällt werden dürfen als nachwachsen können. Neuere Erklärungen ergänzen diese Aussage noch dadurch, dass die Bedürfnisse der heutigen Generationen erfüllt werden müssen, die zukünftigen Generationen durch diese Lebensweise aber nicht (vor-)belastet werden dürfen. [1]

Nachhaltigkeit betrachtet das Geflecht aus sozialen, ökologischen und ökonomischen Strukturen, welche zusammen die drei Säulen der Nachhaltigkeit bilden.

Ökologie hingegen befasst sich mit Lebewesen in deren natürlicher Umgebung. Es ist egal ob Mensch, Pflanze, Tier oder Bakterium. In der Ökologie wird ein Lebewesen nicht isoliert von äußeren Effekten betrachtet, sondern in der Beziehung zu anderen Organismen und deren Lebensräumen. [2]

▶ **Wichtig**
Holz ist ein ökologisches Material. Wird ein Baum aber in den Tropen von unterbezahlten Arbeitskräften gefällt, nach Deutschland geflogen und als Feuerholz verkauft, ist Holz alles andere als ökologisch und auf keinen Fall nachhaltig.

Ein ökologisches, nachhaltiges Produkt darf den Lebewesen und deren Lebensraum nicht schaden und sollte ressourcenschonend entstanden sein. Es muss unter sozialen Standards hergestellt und produziert werden und trotzdem ökonomische Gesichtspunkte beachten. Ausbeutungen wie Kinderarbeit und zu niedrige Löhne werde nicht von einem ökologischen, nachhaltigen Handeln unterstützt. Wenn man als Unternehmen die positiven, fairen Werte unterstützen

H. Bäuerle und M. Lohmann, *Ökologische Materialien in der Baubranche*, essentials, https://doi.org/10.1007/978-3-658-34197-8_2

will, muss man sich zusätzlich mit Begrifflichkeiten wie Materialnut-
zung, Emissionen, Abfallmanagement, Chemieeinsatz, Energie- und
Wasserverbrauch und Biodiversität beschäftigen.

Literatur

1. Lexikon der Nachhaltigkeit. (2015). Nachhaltigkeit Definition. https://www.nachhalti
gkeit.info/artikel/definitionen_1382.htm. Zugegriffen: 26.03.2021
2. Brockhaus, Sarah. (24. Februar 2019). Ökologie: Definition und Konzept einfach erklärt.
https://utopia.de/ratgeber/oekologie-definition-und-konzept-einfach-erklaert/. Zugegriffen: 26.03.2021

Ökologische Zertifikate 3

Es gibt inzwischen eine sehr üppige Auswahl an Produktkennzeichnungen, Labels und Zertifikaten für Materialien in Deutschland. Rohstoffe, Halbzeuge, Produkte und ganze Gebäude können mit Zertifikaten oder Deklarationen ausgezeichnet sein, welche in unterschiedlichen Hinsichten deren ökologische und nachhaltige Qualität ausdrücken.

Siegel, Label und Kennzeichnungen können vom Staat, von Interessengemeinschaften, Organisationen und Unternehmen entwickelt werden.

► **Wichtig**
Man muss beachten, dass ein Material, welches keine Zertifizierung besitzt, nicht automatisch schlechter als ein zertifiziertes Material sein muss. Für eine Zertifizierung muss man in der Regel bezahlen und kleinere Betriebe, die ein ökologisches Material herstellen, haben dafür oft am Anfang noch nicht das nötige Budget. Die Kosten einer Zertifizierung variieren je nach Umsatz oder Dauer der Nutzung und können von einigen hundert Euro bis zu einigen zehntausend Euro reichen.

Andersherum bedeutet eine Zertifizierung nicht automatisch, dass ein Material das ökologischste auf dem Markt ist.

Es gibt unterschiedliche Bezeichnungen für Label, die verschiedene Aussagen über die Funktion und Qualität eines Materials oder Produktes machen.

© Der/die Autor(en), exklusiv lizenziert durch Springer Fachmedien Wiesbaden GmbH, ein Teil von Springer Nature 2021
H. Bäuerle und M. Lohmann, *Ökologische Materialien in der Baubranche*, essentials, https://doi.org/10.1007/978-3-658-34197-8_3

Produktlabel
Ein Produktlabel weist auf eine bestimmte Art von Qualität hin. Das gilt für Produkte
sowie für Dienstleistungen. Umweltzeichen, Nachhaltigkeitslabel und Regional-
Label gehören zu den Produktlabeln.

Umweltzeichen (Ökolabel)
Um mit einem Ökolabel gekennzeichnet zu werden, muss ein Produkt oder
eine Dienstleistung umweltfreundliche Merkmale besitzen. Beispielsweise eine
emissionsarme Herstellung, einen energiesparenden Gebrauch oder eine clevere
Entsorgungsstrategie.

Nachhaltigkeitslabel (Nachhaltigkeitssiegel)
Diese Kennzeichnung erhalten Produkte, die unter der Berücksichtigung von
ökologischen, sozialen und ökonomischen Aspekten hergestellt werden.

Regionallabel (Herkunftszeichen)
Das Regionallabel gibt Auskunft darüber, aus welcher Region ein Produkt stammt.
Der Begriff ist nicht geschützt, weshalb die Herstellenden selbst entscheiden kön-
nen, welchen Radius sie für die Regionalgrenze wählen. Das kann der Standort der
Firmenzentrale sein oder auch ein anderes Bundesland in Deutschland.

Gütezeichen, Gütesiegel oder Qualitätssiegel
Gütezeichen tätigen eine Aussage über die (Gebrauchs-)Qualität eines Produktes.
Das erfolgt durch ein Zeichen oder eine Grafik auf dem Produkt.

Prüfzeichen, Prüfsiegel
Diese geben Hinweise auf die Einhaltung von sicherheitsrelevanten Eigenschaf-
ten, die gesetzlich vorgegeben sind. Oft findet man sie an Maschinen oder
Kraftfahrzeugen.

Test-Label
Private und öffentliche Einrichtungen untersuchen Produkte und Dienstleistungen
nach einem selbst auferlegten Kriterienkatalog.

Auf dem Markt gibt es einige Zertifikate und Deklarationen, die eine gute
Orientierung in der Masse der Materialien bieten. Häufig sind diese Label
auf bestimmte Bereiche spezialisiert – Holz, Textilien, Luftqualitäten im Raum
oder ganze Gebäude. Die unten genannten Zertifikate und Deklarationen zeigen
nur einen kleinen Ausschnitt an möglichen Kennzeichnungen für Produkte und

Dienstleistungen. Andere, wie zum Beispiel das natureplus® – Qualitätszeichen, IVN-Siegel, EU Ecolabel oder GOTS-Siegel spielen ebenfalls eine wichtige Rolle und stehen für eine hohe ökologische Qualität. Abb. 3.1 zeigt beispielsweise eine dreidimensionale Korkfliese für die Wand, die zu 100 % aus post-industriell recyceltem Kork hergestellt und Greenguard-zertifiziert ist. Somit erfüllt sie strenge Anforderungen an die Raumluftqualität. Ein Material kann auch mit mehreren Zertifikaten und Deklarationen ausgezeichnet sein. So ist beispielsweise die flache, aber sehr harte Teppichfliese auf Abb. 3.2 mit dem Blauen Engel, GUT, EPD und Green Label Plus ausgezeichnet. Sie bietet alle Vorzüge eines textilen Bodenbelags im Hinblick auf Gesundheit, Raumakustik, Trittsicherheit und Gehkomfort.

DGNB
Das System der DGNB (Deutsche Gesellschaft für Nachhaltiges Bauen) bewertet nachhaltige Gebäude und überprüft dabei den thermischen/visuellen/akustischen Komfort und die Innenraumluftqualität.

Abb. 3.1 Tatami Natural von Granorte GmbH. Herstellercode 15117-08. (Quelle: raumprobe)

Abb. 3.2 Sl Freestile – 1001 Aberdeen von Object Carpet GmbH. Herstellercode 10852-45. (Quelle: raumprobe)

LEED (Leadership in Energy and Environmental Design)
In dem Zertifizierungsverfahren werden Gebäude nach acht unterschiedlichen Themenfeldern bewertet. Unter anderem nach der infrastrukturellen Einbindung des Standortes, Wassereffizienz, Energie und globale Umweltauswirkungen, der Innenraumluftqualität und Innovationen im Gestaltungsprozess.

BREEAM®
Die Building Research Establishment Environmental Assessment Methodology ist ein internationales Programm/Bewertungssystem und zeichnet die Planung von Projekten, Infrastrukturen, Gebäuden und Gewerbebauten aus. Bewertet werden neben den ökologischen Aspekten auch soziale Nachhaltigkeitsleistungen und das Wohlbefinden der Menschen.

Blauer Engel
Das weltweit erste Umweltzeichen zeichnet u. a. emissionsarme Lacke, Boden-belagsklebstoffe, Bau- und Möbelplatten, textile Bodenbeläge oder auch Wärme-dämmverbundsysteme aus, die umweltfreundlicher sind als vergleichbare Produkte.

Der mit dem Blauen Engel ausgezeichnete Systemaufbau auf Abb. 3.3 ist resistent gegen Algen und Pilze, biozidfrei, nicht brennbar, langlebig und mineralisch.

Cradle to Cradle®
Der Cradle to Cradle Certified™ Produktstandard reicht von Fußböden und T-Shirts hin zu Wasserflaschen und Systemlösungen für Fenster. Materialgesundheit, Kreislauffähigkeit, Erneuerbare Energien, der verantwortungsvolle Umgang mit Wasser und soziale Gerechtigkeit bilden die Grundlage für eine Zertifizierung. Ziel ist es, alle Materialien so auszuwählen, dass sie gesundheitlich unbedenklich sind. So können sie in Kreisläufe zurückgeführt und in neuen Produkten jeglicher Art wiederverwendet werden.
Das Cradle to Cradle® zertifizierte, schwer entflammbare Textil auf Abb. 3.4 wärmt bei Kälte und kühlt bei Hitze. Durch das eigens entwickelte Verfahren erfolgt eine sortenreine Trennung der Natur- und Kunstfasern.

FSC® (Forest Stewardship Council)

Abb. 3.3 WDVS Systemaufbau Keim Aquaroyal Mw – Glattputz Royal Color 9008 S von Keimfarben GmbH. Herstellercode 11552-06. (Quelle: raumprobe)

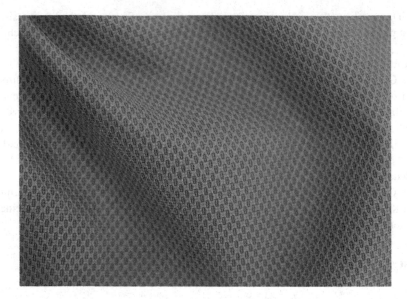

Abb. 3.4 Ultra Cx1050-011 von Jab Josef Anstoetz KG. Herstellercode 11510-36. (Quelle: raumprobe)

Zertifiziert werden Bauhölzer wie Fenster, Bodenbeläge, Einrichtungsgegenstände aus Holz und Kleinprodukte wie Papier, die aus einer nachhaltigen Forstwirtschaft stammen und Sozialstandards absichern.

STANDARD 100 by OEKO-TEX®
Das Label sagt aus, dass alle Bestandteile eines textilen Produktes, vom Faden über Accessoires, bis hin zu den Stoffen auf Schadstoffe geprüft wurden. Dies kann anhand der Zertifikatsnummer mittels dem Label-Check auf der OEKO-TEX® Homepage verifiziert werden. Das MADE IN GREEN by OEKO-TEX® Label bescheinigt, dass der Textil- oder Lederartikel mit umweltschonenden Verfahren und unter sozialverträglichen Arbeitsbedingungen hergestellt wurde. Das Label bestätigt außerdem, dass das Produkt auf Schadstoffe geprüft wurde.

IBN
Das Institut für Baubiologie + Nachhaltigkeit zertifiziert u. a. Bauweisen, Räume und Gebäude, die nach baubiologischen Kriterien erstellt werden. Geprüft wird

nach den Kriterien der 25 Leitlinien der Baubiologie sowie dem Standard der Baubiologischen Messtechnik SBM.

EPD (Environmental Product Declaration)
Das EPD-Programm wurde vom Institut Bauen und Umwelt e. V. auf Basis internationaler Normung für Deutschland erarbeitet. Eine EPD ist ein TYP III-Umweltkennzeichen und bildet eine Vielzahl verschiedener Umwelteinflüsse über den gesamten Lebenszyklus eines Bauproduktes ab. Also von der Rohstoff-gewinnung, über die Verpackung bis hin zum einbaufertigen Produkt. Durch diese objektive, verifizierte Datenbasis können im Rahmen der Ökobilanzierung eines Gebäudes verschiedene Materialien und Konzepte aus ökologischer Sicht verglichen und so das Gebäude optimiert werden.

Materialien in der konventionellen Baubranche

4

4.1 Wo liegen die bisherigen Probleme?

Die Entsorgung

Verbaute Rohstoffe und Materialien werden nach der Nutzung häufig zu einem Abfallprodukt, weil die oft untrennbaren Verbindungen zur Zerstörung des Produktes führen. Deshalb kann das Material nicht weiter für andere Produkte verwenden kann. Nach dem Abriss eines Gebäudes erfolgt die spätere Trennung der Materialien grob, weil diese aufgrund des unübersichtlichen Schutthaufens schlecht sortiert werden können. Dadurch gehen wichtige Rohstoffe zum Recyceln verloren. Laut Umweltbundesamt fielen 2016 in Deutschland mineralische Bauabfälle in Höhe von 214,6 Mio. Tonnen an. [1].

Das Baumaterial

Vor ein paar Jahrzehnten gab es keine Informationen zu den schädlichen Ausdünstungen eines Materials und deren teils negative Auswirkungen und Folgen auf den Körper. Da ein Gebäude in der Regel eine lange Lebenszeit besitzt, befinden sich viele dieser Materialien immer noch im Einsatz und gefährden die Gesundheit der Bewohnerschaft.

Die Bauweise

Viele Bauteile in Gebäuden sind Verbundwerkstoffe; also Materialien, die sich nicht mehr voneinander lösen lassen (z. B. durch Kleben oder Schweißen). Dadurch kann man sie nach der Nutzung schlecht bis gar nicht trennen, was dazu führt, dass sie nicht wieder in den Materialkreislauf zurückgeführt werden können. Diese Teile wandern direkt auf die Deponie.

© Der/die Autor(en), exklusiv lizenziert durch Springer Fachmedien Wiesbaden GmbH, ein Teil von Springer Nature 2021
H. Bäuerle und M. Lohmann, *Ökologische Materialien in der Baubranche*, essentials, https://doi.org/10.1007/978-3-658-34197-8_4

Lange Lieferwege

Tropische Hölzer aus dem Amazonas, exotische Teppiche aus Marokko oder Natursteine aus Asien haben einen langen Weg hinter sich, wenn sie in den Haushalten hierzulande einziehen. Das bringt extrem hohe Emissionen mit sich. In Zukunft muss die Lieferkette verkürzt und Rohstoffe und Materialien aus der Region entnommen werden, um vor Ort die Bauteile zu fertigen.

Diese Auflistung zeigt, dass in so ziemlich jedem Bereich der Baubranche noch Abhilfe geschaffen werden muss. Da die Planenden heute jedoch aufgeklärter sind und Nachhaltigkeit ein präsenter Begriff ist, wird in vielen Bereichen schon nach alternativen Materialien geforscht und Gebäudeentwürfe an eine umweltfreundlichere Nutzung angepasst.

4.2   Wieso ökologische Materialien in der Baubranche?

Materialien müssen komplett neu bewertet werden, da der momentane unachtsame Umgang mit Rohstoffen deren aktuellen Wert schmälert. Ein Material, welches schon Jahrzehnte im Baubereich eingesetzt wird und bisher immer im Überfluss zu finden war, kann bald zur Mangelware werden, weil es zum Beispiel nicht nachwachsen kann (ein Beispiel dafür ist die Verwendung von Sand für Beton). Dadurch gewinnen fossile Rohstoffe an materiellem und immateriellem Wert. Um diese rar werdenden Materialien zu ersetzen, oder sie möglichst lange nutzen zu können, benötigt es neue Ideen und Ansätze.

Außerdem wird der Ruf nach gesünderem Wohnen seitens der Hausbewohnenden lauter. Wenn man nutzungsorientiert bauen will, muss man sich den neuen Gegebenheiten anpassen. Darin liegt jede Menge Potenzial. Durch die Verwendung von baubiologisch unbedenklichen Materialien gibt es in Zukunft keine giftigen Ausdünstungen mehr, beispielsweise durch Alternativen zu Formaldehyd.

Ökologisch zu handeln bedeutet erst zu investieren, aber langfristig Geld zu sparen. Durch die zurzeit noch geringere Nachfrage und den geringeren Bestand sind ökologische Materialien meist teurer als konventionelle Materialien. Die höheren Baukosten rechnen sich aber im Nachhinein, da beispielsweise geringere Betriebskosten entstehen. Und Energiekosten lassen sich durch qualitativ hochwertiges Dämmmaterial senken, da es im Schnitt bessere Dämmwerte erreichen kann.

Nicht zu vergessen sind die positiven Auswirkungen auf die Umwelt. Durch den Einsatz von ökologischen Materialien entstehen nicht nur weniger Schadstoffe, sondern auch weniger CO_2. Es wird möglich sein CO_2-neutrale Gebäude zu bauen, die sich positiv auf das Klima auswirken.

Literatur

1. Umweltbundesamt. (16. September 2019). Bauabfälle. https://www.umweltbundesamt. de/daten/ressourcen-abfall/verwertung-entsorgung-ausgewaehlter-abfallarten/bauabf aelle#verwertung-von-bau-und-abbruchabfallen. Zugegriffen: 12. März 2021.

Bewertungskriterien eines nachhaltigen Gebäudes

Standortabhängig

Um ein neues Gebäude zu bauen, muss ein Stück Natur weichen. Es muss also darauf geachtet werden, dass man einen geeigneten Standort findet und dort so wenig Schaden wie möglich anrichtet.

Attraktiv bauen

Die Skepsis gegenüber der Zuverlässigkeit von ökologischen Materialien ist groß, Nachhaltigkeit wird häufig als prüde und langweilig empfunden. Deshalb sollten ökologische Gebäude attraktiv gestaltet werden, um Aufmerksamkeit zu generieren und schneller mit Vorurteilen aufzuräumen.

Modular bauen

Die modulare Bauweise ist verbunden mit niedrigen Kosten, da die Bauteile in Fabriken vorgefertigt werden können und nicht erst vor Ort entstehen. Durch die hohe Prozesssicherheit erfolgt der Aufbau schneller und mit mehr Effizienz. Da die Teile standardisiert sind, sind die Werkstoffpreise günstiger. Die Holzbauweise befindet sich momentan in der Vorreiterrolle.

Nachhaltige Materialwahl – Regional, ressourcenschonend, schadstofffrei, langlebig

Schadstofffreie Materialien zeichnen sich unter anderem durch eine umweltfreundliche Herstellung und Anwendung aus. Das können zum Beispiel Lehmziegel, Natursteine, natürliche Dämmstoffe, Naturfarben und pflanzenbasierte Klebstoffe sein. Regionale Materialien haben einen kurzen Lieferweg und richten weniger Umweltschäden durch geringere CO_2-Emissionen an.

© Der/die Autor(en), exklusiv lizenziert durch Springer Fachmedien Wiesbaden GmbH, ein Teil von Springer Nature 2021
H. Bäuerle und M. Lohmann, *Ökologische Materialien in der Baubranche*, essentials, https://doi.org/10.1007/978-3-658-34197-8_5

Zertifizierte Systeme und Verfahren etablieren
Es gibt unterschiedliche Zertifizierungssysteme, mit denen man die ökologische
Qualität eines Gebäudes bewerten kann. Das sind zum Beispiel die Deutsche
Gesellschaft für Nachhaltiges Bauen (DGNB) oder Leadership in Energy and
Environmental Design (LEED).

Energieverbrauch verringern, alternative Energiequellen nutzen
Den Energieverbrauch kann man durch die richtige Ausrichtung des Hauses zur
Sonne verringern, durch eine qualitativ hochwertige Wärmedämmung, durch die
Verwendung von Solaranlagen, mehrfachverglaste Fenster oder clevere Energie-
konzepte wie Ökostrom.

Den gesamten Bauprozess und Lebenszyklus betrachten
Der ökologische Gedanke muss von Anfang an mit in die Planung einbezogen
werden. Das reicht von der ersten Designskizze bis hin zu der Entsorgung und
Widerverwendung des Baumaterials.

Einteilung der Materialien

6.1 Rohstoffe

Ob ein Material ökologisch ist oder nicht, entscheidet bereits der Rohstoff. Ein Material kann aus nur einem Werkstoff bestehen, wie zum Beispiel Naturstein, der in seiner reinen Form abgebaut wird, oder aus einer Mischung verschiedener Rohstoffe. Auf Abb. 6.1 sieht man einen Rohstoff, einen Zellulose-Dämmstoff, der clever recycelt wurde. Aus altem Zeitungspapier wird ein Dämmmaterial, das eine hohe Dichte aufweist.

Dabei ist es wichtig, dass die Rohstoffe bereits ohne schädliche Inhaltsstoffe auskommen und sich gut recyceln lassen. Im Optimalfall kann man aus den Rohstoffresten des eigenen Betriebes neue Materialien produzieren, wie auf Abb. 6.2. Der Terrazzo gilt als Klassiker der Bodengestaltung im Natursteinbereich. Für diesen Bodenbelag wird Natursteinsplitt verwendet, der bei der Produktion anfällt.

6.2 Baubiologisch gut

Das Material besitzt Eigenschaften, die sich positiv auf die Wechselwirkung zwischen Objekt, Nutzenden und deren Umwelt auswirken (physiologisch, psychologisch und physikalisch technisch). Der Kalkputz auf Abb. 6.3 besteht nur aus natürlichen Mineralien. Dieser ist offenporig, emissionsfrei und bauphysikalisch einwandfrei.

H. Bäuerle und M. Lohmann, *Ökologische Materialien in der Baubranche*, essentials, https://doi.org/10.1007/978-3-658-34197-8_6

Abb. 6.1 Climacell S von CWA Cellulosewerk Angelbachtal GmbH. Herstellercode 14989-01. (Quelle: raumprobe)

6.3   Ressourceneffizient

Mit ressourceneffizienten Materialien nutzt man die immer knapper werdenden Rohstoffe wirksamer. Dabei geht es sowohl um das Material als Ressource, als auch um den Wasserverbrauch und Energieeinsatz bei der Herstellung, Nutzung und Entsorgung. Weniger Rohstoffe zu verbrauchen bedeutet, weniger Rohstoffe der Natur zu entziehen, weniger Emissionen freizusetzen und somit einen positiveren Einfluss auf die Natur zu nehmen. Die Einsparung der Ressourcen kann sowohl durch die Konstruktion und Herstellung als auch durch deren Gebrauch und Entsorgung erreicht werden. Unterteilen kann man ressourceneffiziente Materialien in folgende Kategorien:

Materialeffizient
Das alternative Material zeichnet sich durch einen besonders geringen Rohstoff- bzw. Materialeinsatz aus. Dabei besitzt es die gleichen technischen oder physischen Eigenschaften wie das Ausgangsprodukt. Ein Beispiel dafür ist die Leichtbauweise,

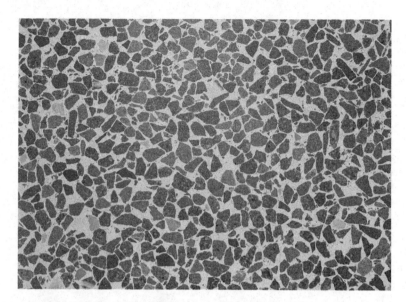

Abb. 6.2   Terrazzo di Cudicio von K.S.V. Biberach GmbH & Co. KG. Herstellercode 21736-34. (Quelle: raumprobe)

bei der Material zum Beispiel durch ein Wabensystem eingespart und gleichzeitig stabil gemacht wird.

Das Steinfurnier auf Abb. 6.4 ist besonders materialeffizient, weil der natürliche Charakter des Steins erhalten bleibt, aber durch das Furnier viel weniger Material benötigt wird. Außerdem sind die Transportkosten geringer, weil das Gewicht durch die dünnen Schichten reduziert wird.

Wasserschonend
Das Material geht in der Herstellung oder im Gebrauch besonders sparsam mit der Ressource Wasser um. Flachs, siehe Abb. 6.5, benötigt wenig Wasser und keine künstliche Bewässerung zum Wachstum.

Energieschonend
Das Material benötigt in der Herstellung oder im Gebrauch besonders wenig Energie oder funktioniert mit Strom aus regenerativen Quellen.

Abb. 6.3 Decostone classic – Schlamm 13, geglättet von Dracholin GmbH. Herstellercode 11146-28. (Quelle: raumprobe)

Dauerhaft

Ein dauerhaftes Material besitzt das Potenzial für einen besonders langen Nutzungszeitraum. Je länger ein Material genutzt wird, umso ökologischer ist es.

Das Echtholz auf Abb. 6.6 ist aufgrund von seiner Robustheit, die von Natur aus gegeben ist, sehr nachhaltig und dauerhaft. Durch einfache Oberflächenbehandlungen- und reparaturen besitzt Holz zusätzlich eine lange Lebensdauer.

6.4   Gesund

Gesunde Materialien zeichnen sich dadurch aus, dass sie zum Beispiel resistent gegen Keime sind und emissions- oder schadstofffrei. So wie der antibakterielle Bodenbelag auf Abb. 6.7. Er besteht zu 98 % aus organischen oder mineralischen

Abb. 6.4 Kreos – Stoneveneer, Gold Green No. 380 von WVS Werkstoff-Verbund-Systeme GmbH. Herstellercode 11180-147. (Quelle: raumprobe)

Rohstoffen, ist einfach zu reinigen und zu pflegen. Gesunde Materialien verbessern das Raumklima und das Wohlbefinden der Menschen, die sich im Innenraum aufhalten – toxische Luft kann auf Dauer krank machen.

Ein gesundes Material enthält keine toxischen Inhaltsstoffe. Auch bei der Herstellung werden keine oder zumindest weniger Schadstoffe (verglichen mit konventionellen Materialien) eingesetzt. Als Bindemittel der hochdeckenden Innenwandfarbe auf Abb. 6.8 wird Kartoffelstärke verwendet, die als Abfallprodukt bei der Nahrungsmittelproduktion entsteht. Sie sorgt für ein gesundes Raumklima.

Je nach Einsatzbereich sollte man sich vorher informieren, wie das Material behandelt wird und ob es Alternativen gibt. So sollte bei Holz auf Flammschutzmittel verzichtet oder auf Materialien zurückgegriffen werden, die Feuchtigkeit aufnehmen. Die Spanplatte auf Abb. 6.9 wird mit einem biologischen Kleber hergestellt, wodurch sie emissionsarm und formaldehydfrei produziert werden kann und keinerlei Chloride und Biozide enthält. Für die Produktion werden 98 % natürliche Rohstoffe und Bindemittel, Frischholz, Durchforstung und Sägeresthölzer aus der Schweiz genutzt.

Abb. 6.5 Flachsband N2325 von Vombaur GmbH & Co. KG. Herstellernummer 22287-04. (Quelle: raumprobe)

Der Kern des Materials auf Abb. 6.10 besteht aus Papier und wärmehärtenden Harzen auf Phenolbasis. Mit einer speziellen Lignin-Technologie kann die Menge des im Harz enthaltenen Phenols aber um 50 % reduziert werden. So werden die CO_2-Emissionen um 46 % reduziert.

Abb. 6.6   Kebony Character, Holzdiele von Klöpferholz GmbH & Co. KG. Herstellercode
10756-96. (Quelle: raumprobe)

6.5   Regional

Regionale Materialien sind besser für die CO_2-Bilanz.

Die Rohstoffe werden aus regionalen Gebieten bezogen und im besten Fall
auch dort verarbeitet. Dadurch werden hohe Transportemissionen vermieden. Die
Buche auf Abb. 6.11 ist eine heimische Holzart. Der Prozess, durch den die
einfache Buche zur Eisbuche wird, findet ebenfalls in Deutschland statt.

6.6   Tierische Materialien

Die Zusammenarbeit zwischen Menschen und Tieren reicht in der Geschichte
schon sehr weit zurück. Als Nutztiere pflügten Pferde den Acker und Hühner und
Kühe gaben und geben Eier, Milch und Fleisch zur Nahrung. Heutzutage sind die
Verwertungsmöglichkeiten grenzenlos.

Wenn man tierische Materialien mit dem Begriff Ökologie in Verbindung
bringt, entsteht im Kopf vorerst ein Fragezeichen. Diese sind überwiegend ein

Abb. 6.7 Dlw Linoleum Colorette Acousticplus Lpx 2131-012 von Gerflor DLW GmbH.
Herstellercode 10864-38. (Quelle: raumprobe)

Nebenprodukt aus der Fleischproduktion. Bei den gängigen Verarbeitungstechni-
ken werden häufig chemische Inhaltsstoffe oder Farben eingesetzt, die über das
Abwasser in die Umwelt gelangen. Es gibt aber auch einige Beispiele für tierische
Materialien, die die Umwelt weniger belasten:

Fasern
Tierische Fasern bestehen aus Eiweißverbindungen. Das kann Wolle von Scha-
fen als gängigste Faser sein, Seide oder auch Edelhaare wie Kaschmir oder
Angora. Abb. 6.12 zeigt ein Plattenmaterial aus Schafwolle, welches Toxine aus
der Luft absorbiert und die Luftfeuchtigkeit reguliert. Das Material ist zu 100 %
recyclingfähig.

Leder
Leder ist ein Naturprodukt, welches aus der (gegerbten) Haut von Tieren besteht.
Aufgrund dessen variieren Qualität und Beschaffenheit. Faktoren wie Alter,
Geschlecht, Ernährung und die Art des Tieres spielen eine wichtige Rolle. Abb. 6.13
zeigt ein Leder, welches zu 100 % Made in Germany hergestellt wird. Es wird mit

Abb. 6.8 Plantageo von Caparol. Herstellercode 10798-117. (Quelle: raumprobe)

Hilfe der Rhabarberpflanze gegerbt, wodurch ein chromfreies und atmungsaktives Leder entsteht.

(Produktions-)Abfälle
Leder ist auch nur ein Abfallprodukt der Fleischindustrie. Normalerweise werden Tiere dafür nicht extra gezüchtet. Andere Nebenprodukte wie saure Milch werden heutzutage zu Textilfasern verarbeitet. Aus Tierblut werden Schuhe hergestellt und aus Ausscheidungen von Elefanten wird Papier. Andere Abfälle sind beispielsweise Federn, die in mit Nanopartikeln versetztes Acrylglas eingearbeitet werden, zu sehen auf Abb. 6.14. Hörner und Hufe von Tieren werden ebenfalls weiterverwendet.

6.7   Vegane Materialalternativen

Vegane Materialalternativen werden immer beliebter – ob als Trend oder aus Überzeugung. Viele Menschen hinterfragen ihre alten Gewohnheiten und Muster und schließen sich einem nachhaltigeren Lebensstil an.

Abb. 6.9 Be.yond Spanplatte – Swisspan P2 Naf, unbeschichtet von Swiss Krono AG.
Herstellercode 18299-69. (Quelle: raumprobe)

Pflanzliche Rohstoffe

Pflanzliche Alternativen werden hergestellt aus Obst, Blättern, Bäumen, Mais,
Zuckerrohr und vielem mehr. Das macht sie nicht nur zu veganen Alternativen, sondern auch zu nachwachsenden. Die Akustikplatte aus Kenaf-Naturfasern
auf Abb. 6.15 verfügt über eine hohe CO_2-Absorptionsrate. In Kombination mit
recycelten PET-Fasern und recyceltem Glas-Granulat entsteht eine ausgezeichnete
Schallabsorption, die keine schädlichen Inhaltsstoffe enthält.

Lederalternativen

Zum größten Teil kommen bei Kunstleder derzeit noch Weich-PVC, Nylon oder
Polyester zum Einsatz, die auf einen Chemie- oder Naturfaseruntergrund aufge-
tragen werden. Es gibt aber auch Alternativen, die nicht aus Kunststoff bestehen.
Materialien aus Kork, Pilzen, Kakteen oder Ananas eigenen sich hervorragend für
Lederalternativen. Das Beispiel auf Abb. 6.16 zeigt echtes Holz, das weich wie
Leder und geschmeidig wie Stoff ist. Es besteht aus einem Holzfurnier, das gela-
sert und mit einem Träger aus Stoff verbunden wird. Dadurch wird die Oberfläche
flexibel.

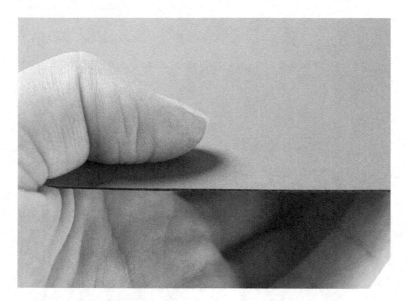

Abb. 6.10 Fenix Ntm Bloom, 0773 Verde Brac von Westag & Getalit AG. Herstellercode 11091-107. (Quelle: raumprobe)

(Produktions-)Abfälle

Das Material besteht aus Rohstoffen, die bei der Herstellung von anderen Produkten angefallen sind. Sie werden vor der energetischen Verwertung oder der Deponierung bewahrt. Als Garn für den Teppich auf Abb. 6.17 dient Econyl, welches unter anderem aus Meeresplastik und Geisternetzen besteht. Der Teppich ist besonders effektiv bei der Aufnahme und Bindung von Feinstaub. Und das faserverstärkte Hybridmaterial auf Abb. 6.18 bedient sich zu 60 % an Reishülsen, zu ca. 22 % an Steinsalzen und zu ca. 18 % an Mineralöl. Dadurch wird es sehr widerstandsfähig gegen äußere Einflüsse wie Sonne, Regen oder Schnee.

Essbar

Einige Materialien sind komplett unbehandelt und somit sogar zum Verzehr geeignet. Man sollte sich aber vorher genau darüber informieren, welche zusätzlichen Inhaltsstoffe dem Rohstoff beigefügt werden. Gepresst und getrocknet ist das Obst auf Abb. 6.19 lange haltbar. Alle Papyri sind Unikate, klebstofffrei und halten durch den eigenen Saft zusammen.

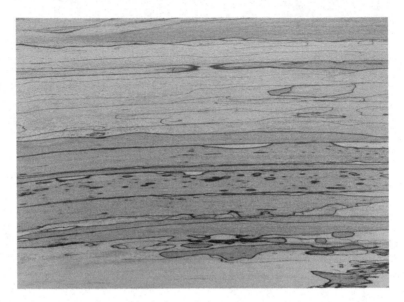

Abb. 6.11 Eisbuche von Holz Steinwandel GmbH & Co. KG. Herstellercode 21056-01. (Quelle: raumprobe)

▶   Vegane Alternativen sind recht neu auf dem Markt, müssen noch
      ausgiebiger getestet und weiterentwickelt werden und haben deshalb
      auch ihre Nachteile. Zum Anbau der pflanzlichen Rohstoffe benötigt
      man mehr Fläche, auf der man zum Beispiel Lebensmittel pflanzen
      könnte. Synthetische Alternativen sind nicht immer die bessere Alter-
      native, da diese häufig aus Kunststoff bestehen, Erdöl zur Herstellung
      benötigen, sich nicht gut recyceln lassen und Mikroplastik erzeugen.

6.8   Biokunststoffe

Es wurde nie klar definiert, wer (Bio-)Kunststoffe final erfunden hat. Bereits die
Neandertaler haben Birkenrinde erhitzt und daraus Pech gewonnen, den sie als
Klebstoff für Werkzeuge verwendeten. Es gab einige Versuche im Laufe der Jahr-
hunderte, aber nie gelang wirklich ein Durchbruch, der langwierig weiterverfolgt
wurde. Bekannte Bio-Materialien waren Parkesin, Galalith und Rilsan.

Abb. 6.12 Whisperwool von Tante Lotte Design GmbH. Herstellercode 20952-01. (Quelle: raumprobe)

Erst in den 1970er Jahren, als die fossilen Kunststoffe einen Einbruch erlitten und als billig und minderwertig bezeichnet wurden, forderte die Gesellschaft Alternativen. Diese Alternativen wurden gefunden.

Dass Biokunststoffe es aber immer noch relativ schwer am Markt haben, liegt zum einen an den höheren Preisen, zum anderen daran, dass ausgiebige Tests zu den Materialleistungen noch nicht abgeschlossen sind und Unwissenheit bei der Entsorgungspolitik herrscht.

Biobasierte (nachwachsende) Werkstoffe können sowohl pflanzlichen als auch tierischen Ursprungs sein.

Zuckerbasiert (Tab. 6.1)
Der Beutel auf Abb. 6.20 besteht aus PLA und Stärke und ist ausgezeichnet mit den Labeln Ok Compost HOME und Ok Compost INDUSTRIAL. Das heißt, dass der Beutel entweder in einer industriellen Kompostieranlage oder im Heimkompost abgebaut werden kann.

Abb. 6.13 Rhabarberleder von deepmello – Rhubarb Technology GmbH. Herstellercode 19733-02. (Quelle: raumprobe)

Cellulosebasiert (Tab. 6.2)

Pflanzenölbasiert (Tab. 6.3)
Der Bodenbelag auf Abb. 6.21 besteht unter anderem aus Raps- und Rizinusölen. Der Boden ist geruchsneutral und kommt ohne Weichmacher aus.

Andere (Tab. 6.4)
Abb. 6.22 zeigt ein Gemisch aus Lignin und Naturfasern, mit dem verschiedene Formteile produziert werden können. Die Bioplastik auf Abb. 6.23 besteht hingegen aus dem gelierenden Extrakt Agar, welches aus verschiedenen Arten der Rotalge gewonnen wird. Die Färbungen werden erzeugt durch Phycocyanin, einem natürlichen und extrahierten Farbstoff aus der Mikroalge.

Tierische Rohstoffe
Die Tab. 6.5 zeigt, aus welchen tierischen Rohstoffen, die häufig als Nebenprodukte in der Produktion anfallen, neue Biokunststoffe gewonnen werden können.

Abb. 6.14 Vento b/w von Acrylic Couture. Herstellercode 18159-51. (Quelle: raumprobe)

6.9 Studien

Wie der renommierte Materialpreis 2020, der von raumprobe ausgeschrieben wird, gezeigt hat, gibt es viele innovative Ansätze in Richtung Biokunststoff und gesunde Baumaterialien. Gerade im Bereich des Biokunststoffes waren die Preisträgerinnen sehr erfinderisch und experimentierten zum Beispiel mit Resten aus der Lebensmittelproduktion.

Abb. 6.24 zeigt ein Biomaterial aus Ginkgoblättern. Es ist flexibel, transluzent, pflanzlich, ressourcenschonend und biologisch abbaubar. Das Herstellungsverfahren erfolgt regional und bedarf kaum Energieeinsatz.

Die Eierschale als Abfallprodukt dient als Basis der zu 100 % natürlichen Rezeptur des Materials auf Abb. 6.25. Durch die natürliche Farbe der Eierschalen entstehen verschiedenfarbige Oberflächen. Das Material erweist sich als wasserabweisend, leicht zu reinigen und schwer entflammbar.

Das Material auf Abb. 6.26 bedient sich ebenfalls an den Abfällen der Lebensmittelindustrie. Es handelt sich um ein Komposit aus den zwei industriellen Beiprodukten Zellulosefasern und Pektin.

Macao, das Material auf Abb. 6.27 besteht aus 80 % Naturfasern und ist zu

Abb. 6.15 Baswa Natural von Baswa acoustic AG. Herstellercode 13657-20. (Quelle: raumprobe)

100 % recycelbar. Das Festmaterial wird kombiniert mit einem Filament auf Basis der Kakaoschale, welches 3D-gedruckt werden kann.

Das Material auf Abb. 6.28 besteht zu 100 % aus natürlichen, ungiftigen und nachhaltigen Materialien, ist sehr hart und besitzt trotzdem ein geringes Gewicht. Die Basis bilden Muschelabfälle aus der Fischindustrie, die gemahlen und mit natürlichen Bindemitteln gemischt werden.

Bei einer Studie wurde mit dem Quellen und Schrumpfen von Naturfasern gearbeitet, welche auf die Umgebung reagieren. Die gewebten Module auf Abb. 6.29 bestehen aus Papiergarn.

Abb. 6.16   Nuo von Schorn & Groh GmbH. Herstellercode 10619-80. (Quelle: raumprobe)

Abb. 6.17 Ab48 Airmaster Tierra Gold 7163 von Desso GmbH. Herstellercode 14467-04. (Quelle: raumprobe)

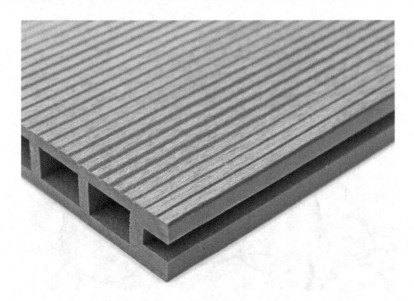

Abb. 6.18 Resysta Dk – Wendeprofil von Resysta Inernational GmbH. Herstellercode 14327-06. (Quelle: raumprobe)

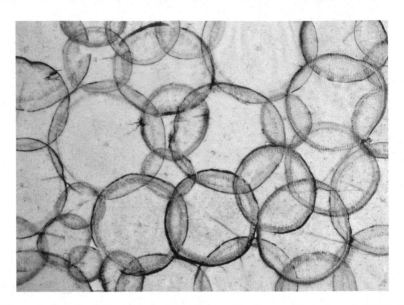

Abb. 6.19 Papyri aus Früchten und Gemüse von Veggiepaper. Herstellercode 21811-01. (Quelle: raumprobe)

Tab. 6.1 Zuckerbasierte Biokunststoffe und deren Anwendungsgebiete

PLA: Polyactid/ Polymilchsäure	Joghurtbecher, Medizinprodukte, Material für den 3D-Druck
PHA: Polyhydroxyalkanoate PHB: Polyhydroxybuttersäure PHF: Polyhydroxyfettsäuren	Haushaltsartikel, Klebstoff, Haargummis
TPS: Thermoplastische Stärke	Tragetaschen, Cateringgeschirr, Pflanzentöpfe
Bio-PE: Bio-Polyethylen	Folien

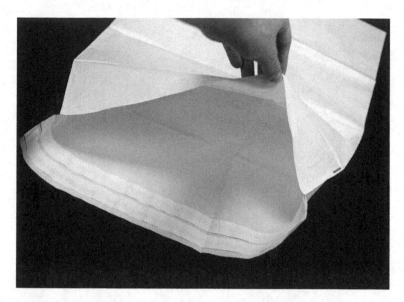

Abb. 6.20 Kompostierbarer Beutel von BioApply. Herstellercode 22193-03. (Quelle: raumprobe)

Tab. 6.2 Cellulosebasierte Biokunststoffe und deren Anwendungsgebiete

CA: Celluloseacetat	Zigarettenfilter, Kosmetikstifte, Kugelschreiber
CAB: Celluloseacetatbutyrat	Rohre, Spielzeug, Kontaktlinsen, Farben
CTA: Cellulosetriacetat	Folienmaterial, Behälter
CP: Cellulosepropionat	Konsumgüter (zum Beispiel Taschenmessergriffe)

Tab. 6.3 Pflanzenölbasierte Biokunststoffe und deren Anwendungsgebiete

Bio-PA: Biopolyamid	Teppichböden, Seile, Kraftstoffleitungen
Bio-PU: Biopolyurethane	Schuhsohlen, Zahnbürsten

Abb. 6.21 Purline Chip von Windmöller GmbH. Herstellercode 17992-71. (Quelle: raumprobe)

Tab. 6.4 Diverse andere Biokunststoffe und deren Anwendungsgebiete

Agar: Pflanzliche Gelatine aus Algen	Klebstoff, Beschichtungen, Lederalternativen
Chitin: Polysaccharid aus Pilzen	Kosmetik
PDC: aus Lignin	Musikinstrumente, Urnen, Kaffeekapseln
Naturkautschuk	Bodenbeläge

Abb. 6.22   Arboform von Tecnaro GmbH. Herstellercode 11353-02. (Quelle: raumprobe)

Abb. 6.23 Biopolymer aus Agar von Carolyn Raff Studio. Herstellercode 21835-01. (Quelle: raumprobe)

Tab. 6.5 Biokunststoffe aus tierischen Rohstoffen und deren Anwendungsgebiete	Kasein: Protein aus Milch	Kunststoffgranulat, Textilfasern
	Gelatine: aus tierischen Knochen	Klebstoff, Beschichtungen, Lederalternativen
	Chitin: Polysaccharid aus Krabbenschalen	Kosmetik

Abb. 6.24 Ginoja von Elise Esser von der Hochschule Niederrhein. Herstellercode 22110-01. (Quelle: raum-probe)

Abb. 6.25 Eierschalenputz von Marie Seliger und Gesa Trispel von der Technischen Hochschule Ostwestfalen-Lippe. Herstellercode 22045-01. (Quelle: raumprobe)

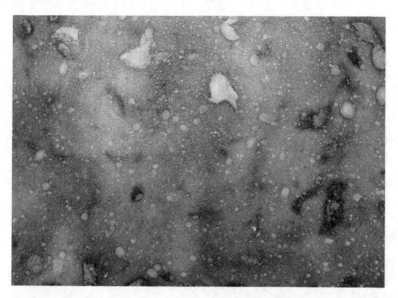

Abb. 6.26 Sonnet155 von Lobke Beckfeld & Johanna Hehemeyer-Cürten von der Weißensee Kunsthochschule Berlin. Herstellercode 22248-01. (Quelle: raumprobe)

Abb. 6.27 Macao von Aylin Trautter & Chiara Schmitt von der Hochschule für Gestaltung Schwäbisch Gmünd. Herstellercode 22098-01. (Quelle: raumprobe)

Abb. 6.28   Sea Stone von Newtab-22. Herstellercode 22007-01. (Quelle: raumprobe)

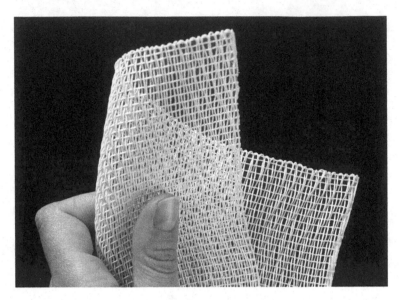

Abb. 6.29 Hydroweave von Stefanie Eichler & Juni Neyenhuys von der Weißensee Kunsthochschule Berlin. Herstellercode 22083-01. (Quelle: raumprobe)

Gute Beispiele in Anwendung 7

Auch mit ökologischen Materialien muss man sich in der Gestaltung nicht einschränken. Wie die folgenden Gebäude zeigen, stehen die zukünftigen Bauten den konventionellen in nichts nach.

Der Mehr.WERT.Pavillon auf Abb. 7.1 wurde 2019 auf der Bundesgartenschau in Heilbronn gezeigt. Alle im Projekt eingesetzten Materialien haben bereits mindestens einen Lebenszyklus durchlaufen und sind nach dem Rückbau des Pavillons wieder komplett trennbar.

Abb. 7.2 zeigt eine Ferienhütte, die auf dem Ästhetik-Konzept des japanischen Teehauses basiert, welches Schönheit, Unkonventionalität, Natürlichkeit und Schlichtheit in sich vereint. Durch eine vereinfachte Holz-Leichtbauweise wird der Lasteintrag in die Bäume minimiert und kein Schaden verursacht. Die Hütte ist vollständig in Handarbeit gefertigt worden.

Die zwei begrünten Hochhäuser auf Abb. 7.3 befinden sich in Mailands Stadtviertel Porta Nuova und beherbergen über 20.000 Pflanzen und 900 Bäume. [1] Dadurch wird das Mikroklima in den Wohnungen verbessert. Feuchtigkeit wird erzeugt, Staubpartikel absorbiert und Sauerstoff freigesetzt.

Der Forschungspavillon auf Abb. 7.4, das Ergebnis der Zusammenarbeit von ca. 40 Studierenden, ca. 10 ExpertInnen und der Unterstützung von unter anderem der Deutschen Agentur für Nachwachsende Rohstoffe, wurde von Sommer bis Winter 2018 auf dem Campus der Universität Stuttgart in der Innenstadt ausgestellt. Das Material ist eine Neuentwicklung, bei der es sich um eine Sandwichplatte mit einem flexiblen Kern aus Lignocellulosefaserplatte handelt, die beidseitig mit 3D-Furnierschichten verstärkt ist. So entstand eine doppelt gekrümmte, parametrisch segmentierte Schale.

H. Bäuerle und M. Lohmann, *Ökologische Materialien in der Baubranche*,
essentials, https://doi.org/10.1007/978-3-658-34197-8_7

Abb. 7.1 Mehr.WERT.Pavillon, konzipiert und entworfen von der KIT-Fakultät Architektur. (Quelle: Zooey Braun, Stuttgart)

Das Haus auf Abb. 7.5 steht in Berlin-Staaken und fand 2018 seinen Bauabschluss. Das Material für die Fassade sollte unter anderem nachhaltig, diffusionsoffen und hoch wärmedämmend sein. Der verwendete Kork stammt aus Portugal, als Abfallprodukt bei der Produktion von Flaschenkorken. Das Cradle to Cradle®-Prinzip wurde konsequent verfolgt.

Das The Cradle in Düsseldorf, zu sehen auf der Abb. 7.6, welches nach dem Cradle to Cradle®-Prinzip erbaut wird, soll 2022 fertiggestellt werden. Der Großteil der Fassade besteht aus Holzelementen und ersetzt zum Beispiel Beton oder Kunststoff. Da das Gebäude so unter anderem die Luftfeuchtigkeit reguliert, ist es für Allergiker und Asthmatiker geeignet. Im Inneren befindet sich PVC-freier Teppichboden, Holzdecken und bepflanzte Wände. Auf dem Dach befindet sich eine Solaranlage und durch die Begrünung wird das Klima im Medienhafen verbessert, beziehungsweise sogar die Aufheizung der Stadt reduziert.

Abb. 7.2   Wabi-Sabi Hain von Tom Kühne. (Quelle: Tom Kühne)

Abb. 7.3 Bosco Verticale von Stefano Boeri, Gianandrea Barreca und Giovanni La Varra. (Quelle: Eigene Aufnahme)

Abb. 7.4 BioMat Pavillon 2018 Flexible Forms von BioMat Abteilung am ITKE – Fakultät und Stadtplanung der Uni Stuttgart. (Quelle: BioMat am ITKE/ Universität Stuttgart)

Abb. 7.5 Korkenzieherhaus von rundzwei Architekten. (Quelle: Gui Rebelo/ rundzwei Architekten)

Abb. 7.6 The Cradle in Düsseldorf von HPP Architekten. (Quelle: Interboden Gruppe/HPP/bloomimages)

Literatur

Kulow, Bernd. (o. J.). Bosco-Verticale – 900 Bäume am Hochhaus. https://mailand.de/bosco-verticale/. Zugegriffen: 25. März 2021.

Entsorgung von Materialien

8

8.1 Rohstoff- und Nutzungskreislauf

In Zukunft muss in einem geschlossenen Materialkreislauf gedacht und agiert werden, weil viele Ressourcen aktuell knapp werden. Um diesem schnell fortschreitenden Prozess entgegenzuwirken, müssen endliche Ressourcen durch kreislauffähige und nachwachsende Alternativen ausgetauscht werden.

Wie das Wort schon verrät, können kreislauffähige Materialien in den Materialkreislauf zurückgeführt werden. Bei der sogenannten Circular Economy geht es darum, ein Material so lange wie möglich im aktiven Kreislauf zu erhalten und Abfälle auf Dauer zu verringern und vermeiden. Das funktioniert unter anderem dadurch, dass man auf bereits bestehende Modelle zurückgreift; Leasing, Sharing Economy, Reparatur (zum Beispiel durch die Rücknahme der Materialien durch die Herstellenden, Refurbishing von Elektroprodukten oder Repair Cafés) und die klassische Wiederverwendung (Kauf von Secondhand-Produkten).

Ein Material kreislauffähig zu gestalten, heißt Ressourcen zu schonen. Dadurch, dass ein Material durch die Wiederverwendung in einem anderen Produkt mehrere Leben erhält, benötigt man weniger Ressourcen, um neue Materialien zu produzieren. Ziel sollte es sein, Materialien so häufig wie möglich wieder in den Materialkreislauf zurückzuführen.

Die effiziente Nutzung von natürlichen Rohstoffen spart Material und Energie ein und ermöglicht einen längeren Lebenszyklus.

Recycling fängt nicht erst am Ende des Lebenszyklus an, sondern in der Entwurfsphase eines neuen Produktes. Ganz zu Beginn muss über die Trennung und Entsorgung der einzelnen Materialien nach durchlebter Nutzungsdauer

© Der/die Autor(en), exklusiv lizenziert durch Springer Fachmedien Wiesbaden GmbH, ein Teil von Springer Nature 2021
H. Bäuerle und M. Lohmann, *Ökologische Materialien in der Baubranche*, essentials, https://doi.org/10.1007/978-3-658-34197-8_8

nachgedacht werden, um Materialkreisläufe von Anfang bis Ende schließen zu können.

Es bestehen bereits unterschiedliche Ansätze neuer Kreislaufmodelle. Cradle to Cradle® zum Beispiel bietet den Kreislauf der Technosphäre (dem technischen Kreislauf), in dem Gebrauchsgegenstände wie Elektrogeräte zirkulieren und den Kreislauf der Biosphäre für Verbrauchsgegenstände.

Um ein Material mit kreislauffähigen Eigenschaften zu versehen, kann man folgende Gestaltungsweisen andenken:

Sortenrein
Ist ein Material sortenrein, eignet es sich besonders gut für eine Rückführung in den technischen oder natürlichen Kreislauf. Dabei findet oft kein oder nur sehr geringer Qualitätsverlust statt. Abb. 8.1 zeigt ein sortenreines Material. Hier wird Metall in seiner reinen Form eingesetzt. Dadurch, dass die Metallringe miteinander verflochten werden, entsteht ein stabiles Gewebe.

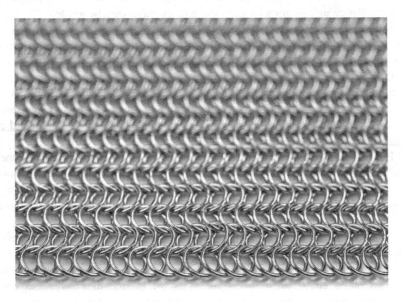

Abb. 8.1 Ringgewebe von Ziegler Arbeitsschutz GmbH. Herstellercode 10668-04. (Quelle: raumprobe)

Abb. 8.2 Calostat Sandwich von Evonik Resource Efficiency GmbH. Herstellercode 20560-
02. (Quelle: raumprobe)

Trennbar
Trennbare Materialien bestehen aus einem Komposit verschiedener Rohstoffe, die
je nach Art der Verbindung (z. B. kleben) entweder leicht oder schwer voneinander getrennt werden können. Je einfacher man sie trennen kann, umso besser
kann man sie wieder in den Kreislauf zurückführen. Trennbar ist beispielsweise das
Calostat Sandwich auf Abb. 8.2. Das Dämmpaneel ist aufgrund von einer neuar-
tigen Vernähung sortenrein trennbar. Es ist nicht brennbar und mit dem Cradle to
Cradle®-Zertifikat der Stufe Gold ausgezeichnet.

8.2 Biologisch abbaubar und kompostierbar

Biologisch abbaubar
Ein Material ist biologisch abbaubar, wenn es durch Mikroorganismen in Wasser,
Kohlenstoffdioxid oder Biomasse zersetzt werden kann. [1] Das Flachsflies auf

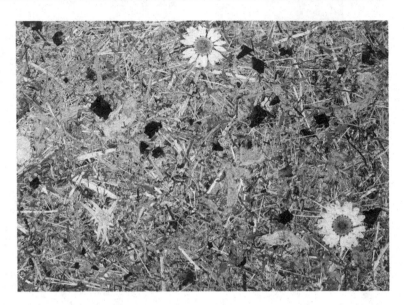

Abb. 8.3 Bergwiesn auf Flachsvlies von Organoid Technologies GmbH. Herstellercode
15435-58. (Quelle: raumprobe)

Abb. 8.3 ist biologisch abbaubar. Die Tapete ist bestückt mit Edelweiß, Margeri-
ten, Kornblumen, Rosen, Erika und Almheu. Trägermaterial ist ein atmungsaktiver
Tapetenrücken aus 100 % Flachs. Das Material ist gesundheitlich unbedenklich und
wird klimaregulierend hergestellt.

Kompostierbar – Hauskompost oder industrielle Kompostieranlage
In industriellen Kompostieranlagen müssen sich 90 % des Materials innerhalb von
drei Monaten in so kleine Partikel zersetzt haben, dass es durch ein bestimmtes Sieb
in der Anlage passt. [1] Ist dies nicht der Fall, werden die übrigen Teile im Restmüll
entsorgt oder verbrannt. Bei der Hauskompostierung werden Abfälle durch Mikroorganismen zersetzt und zu Kompost umgewandelt. Dafür muss eine bestimmte
Temperatur erreicht werden und eine bestimmte Menge an Sauerstoff und Wasser
vorhanden sein. Das Papier von BioApply auf Abb. 8.4 wird mit Pflanzenöl behandelt und bietet eine Barriere gegen Feuchtigkeit und Fett. Der Leim und die Tinte
sind wasserbasiert, weshalb das Papier im Heimkompost entsorgt werden kann.

Abb. 8.4 Biopapier Leaf von BioApply. Herstellercode 22193-02. (Quelle: raumprobe)

▶   **Wichtig** Holz ist biologisch abbaubar, aber nicht industriell kompostierbar, weil es in den Anlagen in der Kürze der Zeit nicht abgebaut
werden kann.
   Biobasierte Materialien dürfen nicht auf den Kompost, weil biobasiert nicht gleich biologisch abbaubar bedeutet (da der Stoff chemisch
modifiziert sein könnte) und es sich dadurch nur sehr langsam bis gar
nicht zersetzt.

8.3   Recycling

8.3.1   Recycelbar

Recycelbare Materialien lassen sich besonders gut in den technischen Materi-
alkreislauf zurückführen. Sie besitzen die Eigenschaft nach dem eigentlichen
Gebrauch ohne großen Qualitätsverlust und ohne viel Aufwand wieder zu neuen
Materialien verarbeitet zu werden.

Abb. 8.5 Biosourcée Atlas Bot 05 von Barrisol Normalu S.A.S. Herstellercode 12556-28. (Quelle: raumprobe)

Ob ein Material nach seinem Gebrauch auch tatsächlich recycelt wird, liegt derzeit noch in den Händen der Person, die das Material entsorgt. Ökologisch gesehen macht es aber Sinn, sich schon bei der Planung des Produktes Gedanken über die Entsorgung zu machen. Die Biosourcée-Folie von Barrisol auf Abb. 8.5 enthält einen pflanzlichen Weichmacher und ist zu 100 % recycelbar. Dadurch werden Treibhausgasemissionen reduziert und der Einsatz in LEED- oder BREEAM-Projekten ermöglicht.

8.3.2 Recycelt

Recycelte Materialien bestehen aus bereits gebrauchten Werkstoffen, die zu neuen Materialien verarbeitet werden. Deren Ausgangsmaterialien sind Abfallprodukte, die entweder bei der Herstellung von anderen Produkten als wertloser Beirat anfallen oder aus unterschiedlichen Gründen (z. B. Defekt wegen Verschleiß) ihre Funktion nicht mehr erfüllen können.

Abb. 8.6 Benu Talent Fr von Christian Fischbacher GmbH. Herstellercode 10850-19. (Quelle: raumprobe)

Wiederverwendete Materialien können ohne große Bearbeitungsprozesse und Energieaufwand weiterverwendet werden. Das Material bleibt erhalten. Wiederverwertete Materialien benötigen einen aufwendigeren Bearbeitungsprozess und werden für einen anderen Zweck verwendet. [2] Das Garn des Velours auf Abb. 8.6 besteht zu 70 % aus gebrauchten PET-Flaschen. Das Produkt ist witterungsbeständig, lichtecht und schwer entflammbar.

8.3.3 Recycling

Recycling bedeutet, dass man Abfallprodukte sammelt und diese (teilweise) wiederverwendet oder als Rohstoff für neue Produkte nutzt. Der transluzente und hinterleuchtbare Neoterrazo auf Abb. 8.7 besteht aus Glasresten, die in Glasmanufakturen anfallen und einer feinen, färbbaren Betonmatrix.

Abb. 8.7 Edition Primary von Basis Rho. Herstellercode 22252-01. (Quelle: raumprobe)

8.3.4 Upcycling

Einige Materialien lassen sich ohne Qualitätsverlust recyceln oder erfahren sogar eine Qualitätssteigerung („Upcycling"). Die Platte in Abb. 8.8 besteht unter anderem aus gebrauchten Plastikflaschen und Joghurtbechern. Zwar hat der Joghurtbecher auch seine Daseinsberechtigung; hier wird aber aus einem Einweg-produkt ein Material hergestellt, das eine längere Lebensdauer hat und dadurch einen größeren Wert für die ökologische Materialwelt bietet.

8.3.5 Downcycling

In vielen Fällen geht mit dem Recycling ein Qualitätsverlust des Ausgangs-materials einher. Man spricht auch vom sogenannten Downcycling. Ziel eins erfolgreichen Recyclings und der Kreislaufwirtschaft sollte jedoch sein, ohne Verluste den Kreis zu schließen.

Abb. 8.8 Kaleido von Smile Plastics. Herstellercode 10626-01. (Quelle: raumprobe)

Literatur

1. Barghorn, Leonie. (22. Oktober 2020). Biologisch abbaubar, kompostierbar, biobasiert: Das ist der Unterschied. https://utopia.de/ratgeber/biologisch-abbaubar-kompostierbar-biobasiert-das-ist-der-unterschied/. Zugegriffen: 25. März 2021.
2. Geldfuermuell GmbH. (20. August 2016). Recycling Vielfalt – Wiederverwendung, Downcycling, Upcycling und Co. https://www.geldfuermuell.de/recycling-magazin/recycling-vielfalt-wiederverwendung-downcycling-upcycling-und-co.php. Zugegriffen 29. März 2021.

Zukunftsaussichten 9

Da das Bewusstsein für ein alternatives Bauen inzwischen in vielen Köpfen angekommen ist, stehen die Zukunftsaussichten für eine grüne Baubranche momentan sehr gut.

Es muss aber im Bereich der Entsorgung noch einiges passieren. Zum Beispiel muss bereits auf der Baustelle der Abfall getrennt werden, Firmen müssen eigene Rücknahmesysteme bereitstellen und ein Gebäude muss vor dem Abriss auf die Rohstoffe kontrolliert werden, damit daraus nicht ein Sammelsurium an nicht definierten Rohstoffen wird, die man nicht wiederverwenden kann.

Eine weitere Lösung wäre, dass man die bereits verbauten Rohstoffe, die auf ein langes Leben ausgerichtet sind, im Gebäude lässt und es umbaut, anstatt es abzureißen. Oder man verwendet die Rohstoffe wieder für den Neubau.

Wird die Option des Umbauens in Betracht gezogen, sollten alle schädlichen Stoffe, die früher verbaut worden sind, durch gesunde Alternativen ausgetauscht werden.

Um die CO_2-Emissionen bereits in der Fertigungsphase zu reduzieren, ist ein sparsamer Umgang mit dem Materialeinsatz bereits in dieser Phase wünschenswert.

Neue Technologien werden in Zukunft auch eine neue Art des Bauens ermöglichen. Der 3D-Druck bietet hier Ansätze und ermöglicht es Bauteile aus mehreren Bestandteilen in einem Arbeitsschritt zu drucken und Material einzusparen.

Zusammengefasst wird sichtbar, dass sich viele Wege für eine grüne Zukunft in der Baubranche aufgetan haben, die den Einsatz von ökologischen Materialien und nachhaltigen Bauweisen vereinfachen. Von heute auf morgen wird zwar nicht jede Änderung umsetzbar sein, aber jeder neue Ansatz kann in der Planungsphase mit angedacht werden, sodass abgewogen wird, inwiefern man diese Aspekte mit in den Bau einfließen lassen kann.

H. Bäuerle und M. Lohmann, *Ökologische Materialien in der Baubranche*, essentials, https://doi.org/10.1007/978-3-658-34197-8_9

Und je mehr Anklang die nachhaltige Bauweise in Zukunft findet, umso einfacher wird es ein Gebäude nach neuen Standards zu bauen. Der Speicher an nachhaltigen Materialien wird gefüllt, die Nachfrage größer und somit passen sich auch die Preise irgendwann an. Das Rad muss nur noch richtig ins Rollen kommen. Die Grundlagen sind auf jeden Fall gegeben.

Interview mit Melanie Merz 10

Melanie Merz ist als Consultant bei der EPEA GmbH – Part of Drees & Sommer tätig. Ihre Schwerpunkte liegen unter anderem in der Beratung zur Umsetzung kreislauffähiger Gebäude nach dem Cradle to Cradle-Designkonzept sowie der materialökologischen Beratung.

1. Wie hat sich die Baubranche in den letzten 10–20 Jahren verändert? Wo sehen Sie Potenziale?

Die Baubranche hat sich in den letzten 10–20 Jahren stark auf die Lösung des Energieproblems von Gebäuden fokussiert. Wir haben gesetzliche Grundlagen geschaffen, um sicherzustellen, dass unsere Häuser so wenig wie möglich Energie verbrauchen. Das dafür nötige Know-how und die Technologie liegen uns bereits vor. Eine ebenso große Herausforderung, welcher lange keine Beachtung geschenkt wurde, ist allerdings die Endlichkeit unserer Rohstoffe auf der Erde. Die Bauindustrie nutzt ca. 50 % der Ressourcen europaweit und produziert zugleich ca. 60 % des Abfalls. Eine unglaubliche Diskrepanz, die aufzeigt, welch großer Verlust durch das Errichten und den Abriss eines Gebäudes entsteht. Was wir brauchen ist ein Wandel weg von einer linearen Wirtschaft hin zu einer Circular Economy. Neben einem Energieausweis sollte ein Gebäude-Materialpass zukünftig ebenfalls zum Status quo werden.

2. Verändern die Herstellenden Ihr Denken in Richtung Nachhaltigkeit?

Viele Hersteller haben längst erkannt, dass sie auf die steigende Nachfrage nach nachhaltigen Materialien reagieren müssen. Diese Entwicklung ist positiv und ebenso essenziell. Um ein ganzheitlich nachhaltiges und vor allem auch kreislauffähiges Gebäude realisieren zu können, müssen wir intensiv auch die Komponenten betrachten, aus denen es zusammengesetzt ist. Einigen Herstellern fällt die Anpassung an die sich verändernden Anforderungen des Marktes leichter als anderen. Den Prozess, ein Material hinsichtlich Nachhaltigkeit optimieren zu wollen, kann man allerdings nicht früh genug beginnen. Inzwischen gibt es viele Hersteller, die ihre Produkte zum Beispiel nach dem Cradle to Cradle-Designprinzip herstellen und zertifizieren lassen. Unter solchen Produkten finden sich unter anderem System- und Glastrennwände, Bodenbeläge, Fassadenelemente und Akustikplatten. Unsere Experten der EPEA-GmbH begleiten dabei den gesamten Zertifizierungsprozess und prüfen Produkte und ihre Bestandteile auf ihre Kreislauffähigkeit.

3. Wie wichtig ist die Circular Economy in der Baubranche?
Die Circular Economy gewinnt in der Baubranche in den letzten Jahren zunehmend an Bedeutung. Mit der Verabschiedung des EU Green Deals und des daraus resultierenden Circular Economy Action Plan wird diese auch zukünftig an Wichtigkeit gewinnen. Ein Wandel der Industrie zeichnet sich bereits durch neue Innovationen und Geschäftsmodelle ab. Damit werden vor allem auch für die Bauwirtschaft neue Anforderungen entstehen. Positiv ist, dass die Notwendigkeit eines Umdenkens vielen am Bau beteiligten Akteuren und Interessensvertretern bereits jetzt immer bewusster wird. Es gibt auch schon einige Bauherren, die Cradle to Cradle inspirierte und somit kreislauffähige Gebäude realisieren. Beispiele dafür sind das Wohnhochhaus Moringa in Hamburg, das Bürogebäude The Cradle in Düsseldorf oder das Rathaus in Venlo.

4. Wie ist Ihre Strategie mit Cradle to Cradle? Wo sehen Sie Bedarf in der Kreislaufwirtschaft? Wie würde eine „Best case"-Anwendung aussehen?
Unser Ziel ist es, Gebäude zu erschaffen, die einen positiven Fußabdruck hinterlassen. Cradle to Cradle dient uns dazu als Methode und übergeordnetes Designprinzip. Inspiriert von der Natur ist das Denken in Kreisläufen die Grundlage. Es lässt sich von einzelnen Materialien hochskalieren bis auf ein ganzes Gebäude. Im „best case" ist ein Gebäude in all seine Bestandteile rückbaubar und diese in gleicher oder höherer Qualität wiederverwendbar/wiederverwertbar. Am Ende des Lebenszyklus des Gebäudes entsteht somit kein Abfall. Wir denken Gebäude als Rohstofflager. Im Gegensatz zur Circular Economy steht für ein Design nach Cradle to Cradle zudem der qualitative Mehrwert sowohl hinsichtlich Gebäudedesign als auch Materialqualität im Vordergrund. Das Haus schafft positive Mehrwerte für die Umwelt und Menschen, indem es beispielsweise die Außenluft reinigt, die Diversität fördert oder erneuerbare Energien erzeugt. Die verwendeten Materialien und Bauprodukte sind unschädlich oder sogar gesund.

5. Wie können alte Gebäude kreislauffähig saniert werden?
Die Instandsetzung von alten Gebäuden ist ein oft unterschätztes Potenzial, unsere gebaute Umwelt nachhaltig zu gestalten. Ausschlagend für eine kreislauffähige Sanierung ist allerdings immer der Zustand, in dem sich das Gebäude befindet. Oft bieten derzeitige Häuser keine Grundlage für eine kreislauffähige Erneuerung. Die Möglichkeiten sind demnach immer objektspezifisch zu prüfen. Um diese Herausforderung zukünftig zu lösen, ist es umso wichtiger, Neubauten von Beginn an so zu konstruieren, dass sie rückbaubar und zirkulär gestaltet sind. Eine spätere Sanierung gestaltet sich damit leichter und auch nachhaltiger. Teile des Gebäudes können dann beispielsweise auch einfacher als Sekundärmaterial extrahiert und wiederverwertet oder weitergenutzt werden.

6. Inwieweit helfen Zertifikate, sich in der Fülle der Materialien zurecht zu finden?
Zertifikate können eine nützliche Orientierungshilfe bei der Materialauswahl bieten. Durch die Vielzahl an Labels, die mittlerweile existieren, ist es allerdings schwierig, den Überblick zu behalten. Bevor ein Zertifikat hilfreich sein kann, muss zuerst einmal der Qualitätsanspruch definiert werden, welcher verfolgt werden soll. Ist dieser gesetzt, kann das passende Label dazu ausgewählt werden. Plattformen wie beispielsweise der „Building Material Scout" helfen bei der Auswahl der infrage kommenden Produkte, die die gewünschten Anforderungen erfüllen.

7. Wie werden unsere Gebäude in 30 Jahren aussehen?
Die Baubranche ist im ständigen Wandel und neue Innovation haben in den letzten Jahren extrem zugenommen. Auch wenn klare Prognosen schwierig sind, sind wir davon überzeugt, dass Gebäude vielfältiger zum Thema Nachhaltigkeit und Kreislauffähigkeit beitragen werden müssen als bisher. Ein besseres Design kann ein Gebäude zu viel mehr veranlassen als bspw. nur energieeffizient zu sein oder nur einer Nutzung zugeschrieben zu sein. Es kann unter anderem positiv zum Wohlbefinden seiner Nutzer beitragen durch die Verwendung gesunder und ökologischer Materialien. Fassaden- und Dachbegrünungen können das Stadtklima verbessern. Das Gebäude kann flexibel auf sich verändernde Nutzungen reagieren und damit auch länger nutzbar bleiben. Die Potenziale sind unzählig und für jedes Projekt individuell. Die nötigen Methoden und wegweisenden Beispielprojekte sind längst keine Zukunftsmusik mehr. Was wir allerdings brauchen ist ein breites Umdenken.

Was Sie aus diesem *Essential* mitnehmen können

- Ökologische Materialien sind auch in der Baubranche immer gefragter
- Kreislaufwirtschaft und Müllvermeidung sind notwendig, um Rohstoffe zu sichern und Werte zu erhalten
- Die Bandbreite an ökologischen Materialien wächst stetig

Printed in the United States
by Baker & Taylor Publisher Services